Hello, happy to see you here. I'm BB, aka Bead Baby.

Practicing is the key to a better Abacus skill.

You can practice your abacus and mental math skills with all the exercise books we prepare for you.

2 Digits 8910 Exercises

Go! Go! Go!

Text and pictures copyright © 2019 by Sheena Chin & Yonhao Fan

All rights reserved.

No parts of this book may be used, reproduced, scanned or transmitted in any form or by any means, electronic or mechanical, including photocopying or recording, without written permission from the publisher.

For information address PinGrow Media, contact@pingrow.com

ISBN-13: 978-1-949622-12-6

Visit www.pingrow.com

2 digits 8 numbers

1	2	3	4	5	6	7	8	9	10
55	58	34	65	49	25	72	84	14	43
67	69	97	96	89	58	55	71	61	23
86	32	71	49	-76	13	38	95	49	84
-78	-49	-68	-57	29	94	-44	-89	-53	-96
53	67	42	78	41	-67	59	66	31	-28
36	55	58	85	55	53	24	45	99	57
42	-39	63	26	-28	32	68	92	30	43
58	25	-26	-15	35	-24	-33	-23	-28	63

11	12	13	14	15	16	17	18	19	20
94	38	76	46	69	23	94	57	15	42
41	78	15	73	56	94	81	93	99	73
38	-56	52	14	23	31	50	-68	78	-57
-87	62	-48	83	-47	-74	-79	22	-48	68
48	87	68	-46	69	69	37	85	33	45
-29	45	84	-28	71	29	44	-43	54	-25
67	-38	-39	92	-36	84	-26	37	87	98
57	51	43	66	98	-35	89	25	-25	34

21	22	23	24	25	26	27	28	29	30
48	92	25	36	35	93	27	88	48	45
53	84	37	64	69	52	65	23	26	49
67	69	43	93	82	77	99	46	51	-11
74	-36	-28	-52	-17	-22	-77	-78	-67	58
-39	63	67	21	75	96	21	92	73	-38
55	79	75	78	35	49	45	42	69	62
-27	-48	59	-16	-25	-38	-68	-35	94	26
18	56	-18	96	80	78	14	66	70	81

2 digits 8 numbers

1	2	3	4	5	6	7	8	9	10
47	75	88	73	54	44	37	16	57	36
74	77	96	28	67	38	88	92	76	84
41	85	35	36	35	55	28	45	45	18
80	-68	-49	-45	-46	-69	-59	-69	-68	-47
-33	36	73	56	26	27	16	45	55	82
76	58	97	28	38	74	71	54	82	26
39	-47	-53	77	-29	-56	87	38	65	65
65	64	48	-39	17	99	97	-27	-26	-38

11	12	13	14	15	16	17	18	19	20
66	34	76	52	55	23	29	19	33	77
59	56	87	75	48	98	44	43	45	89
37	42	28	95	92	24	17	86	89	23
-69	-67	-69	-68	-29	-78	-58	-62	-57	-65
18	25	44	51	84	42	76	73	48	51
57	78	51	81	67	-23	88	-29	74	37
-38	-49	-35	-43	-26	47	31	42	-37	-46
83	61	43	39	87	85	-29	54	11	-29

21	22	23	24	25	26	27	28	29	30
72	29	47	26	63	38	19	73	27	32
46	87	99	81	99	85	32	56	94	47
58	51	-86	95	38	54	85	29	79	59
-39	77	66	-56	-78	-67	-76	-69	-68	75
87	-65	49	90	16	26	53	59	22	-68
56	98	-28	-25	61	32	-44	-44	33	37
-33	-56	54	57	-35	-43	97	58	-54	89
67	88	38	33	57	12	96	21	12	17

2 digits 8 numbers

1	2	3	4	5	6	7	8	9	10
97	65	84	83	69	87	33	27	93	75
88	78	62	75	21	99	89	38	72	38
59	22	54	43	85	83	94	45	14	74
-37	55	-24	-16	-79	-66	-68	-24	-26	63
66	82	71	27	73	72	46	-38	94	91
45	-26	48	35	53	33	-18	61	-25	-27
92	-36	-18	-38	-37	14	54	41	38	42
-58	33	77	96	43	-31	29	97	43	70

11	12	13	14	15	16	17	18	19	20
69	79	41	70	23	41	89	51	93	15
81	89	86	34	86	98	27	55	21	29
84	-67	95	88	67	32	75	29	-17	67
13	72	-58	-56	-43	-78	-49	54	65	-45
98	-57	47	62	98	23	54	-19	-23	88
47	23	-26	48	43	39	75	82	29	32
-25	19	74	59	-65	96	-37	37	60	-53
-28	99	44	66	77	70	29	-24	78	57

21	22	23	24	25	26	27	28	29	30
57	77	35	65	44	83	53	57	29	88
43	65	80	58	89	44	43	49	74	75
34	62	92	37	21	55	38	76	49	62
29	38	-75	-78	-76	-79	-77	-98	-65	-38
-42	-59	68	45	62	93	-24	29	93	56
31	12	53	-29	-16	13	93	79	32	97
19	-34	39	87	66	-35	86	90	27	-24
-26	55	-29	32	88	28	79	64	-43	81

2 digits 8 numbers

1	2	3	4	5	6	7	8	9	10
84	59	92	59	35	41	94	55	36	67
98	92	39	75	81	25	78	67	75	86
67	29	88	48	47	39	89	98	66	69
-79	-85	-76	-29	-79	-65	-65	45	97	89
56	79	94	88	89	38	36	27	-89	-48
47	-25	82	31	-29	20	59	-18	56	83
-21	70	-38	65	18	99	-36	-26	45	71
53	82	78	-43	76	-78	29	84	-34	99

11	12	13	14	15	16	17	18	19	20
57	75	38	19	48	59	49	43	22	87
45	59	76	58	31	29	15	58	39	54
88	66	44	67	99	46	96	76	86	45
-67	53	-89	-99	87	36	-78	-39	-59	-13
58	-89	66	46	-68	85	25	65	46	-78
43	-27	72	37	12	-67	48	13	39	21
5	22	44	43	23	49	81	-49	-24	56
-17	98	-20	-34	-10	-23	-35	38	17	65

21	22	23	24	25	26	27	28	29	30
15	57	65	77	96	47	87	66	49	58
88	65	77	58	47	79	49	47	92	29
33	89	38	-13	28	83	37	21	85	45
86	-37	-49	29	-49	-46	91	62	-24	-37
-67	78	93	39	66	69	-77	-38	45	76
76	99	-65	-22	81	76	64	89	68	87
64	42	28	35	22	-39	-28	-25	39	24
88	-18	-19	54	-58	27	66	14	-19	-54

2 digits 8 numbers

1	2	3	4	5	6	7	8	9	10
15	33	34	65	97	44	29	37	75	13
88	34	43	18	89	77	55	47	69	38
97	57	17	39	63	45	76	72	79	54
-68	64	-56	55	-58	-66	-88	-69	-88	-47
16	-47	96	-29	87	98	31	58	68	26
89	25	85	79	-34	28	52	65	-27	52
-55	56	87	23	12	-47	-47	45	37	81
73	-19	49	36	21	78	20	-27	78	-14

11	12	13	14	15	16	17	18	19	20
41	77	66	94	55	79	93	68	59	96
75	47	97	53	29	88	38	78	97	70
67	89	23	92	41	49	47	44	34	29
-38	-48	-38	95	-77	-65	-26	65	-68	-48
54	36	43	-98	45	99	68	-65	79	37
73	42	79	36	44	36	79	47	57	29
-22	-21	94	-47	-17	-32	-38	-22	-33	66
-14	19	91	12	20	29	59	59	63	-58

21	22	23	24	25	26	27	28	29	30
99	78	59	73	96	52	46	79	86	27
69	18	75	57	94	39	65	34	58	85
89	67	52	66	79	67	57	66	93	97
81	-56	-68	49	-88	-48	-38	-86	-77	-69
76	96	88	-59	87	86	17	45	63	78
54	84	-47	17	93	11	91	58	-29	17
49	39	39	-32	-85	55	29	29	89	-37
38	76	22	98	71	-29	-44	-19	93	62

2 digits 8 numbers

1	2	3	4	5	6	7	8	9	10
28	62	94	47	86	25	83	48	95	48
73	53	36	14	77	17	24	-17	73	76
46	78	21	58	21	68	93	84	56	43
-53	58	-58	65	79	-38	88	52	-87	61
23	94	46	73	-69	89	-58	85	28	-58
47	-45	73	-37	38	53	32	19	69	89
49	25	86	88	57	98	18	-28	20	-65
-19	38	16	-29	43	-44	50	38	-15	95

11	12	13	14	15	16	17	18	19	20
36	36	82	53	97	99	89	86	35	65
46	15	-14	98	29	88	92	67	16	13
79	78	35	47	88	77	49	57	97	54
-57	-65	90	-57	-79	-66	-55	33	-29	42
68	-23	-68	92	46	55	34	-78	31	-68
99	94	21	22	-39	44	78	46	56	72
87	86	59	-37	27	-33	-67	27	98	88
-25	67	47	81	56	22	29	85	74	-93

21	22	23	24	25	26	27	28	29	30
25	48	39	50	63	96	88	23	66	75
14	76	13	98	31	55	52	49	96	36
66	49	49	67	19	86	49	20	34	85
-48	-69	-56	66	-27	-79	-68	17	77	-27
79	54	-24	-57	-14	47	38	53	-59	65
82	38	11	79	28	32	99	85	23	88
75	-14	82	-25	39	-37	-54	-33	34	45
44	22	56	82	16	86	29	-25	19	-29

2 digits 8 numbers

1	2	3	4	5	6	7	8	9	10
78	34	58	94	47	67	48	38	52	88
69	44	39	56	86	45	88	96	75	45
47	67	44	-63	38	87	74	85	59	69
22	-66	-28	56	95	-56	-55	-79	-63	-56
36	94	67	23	-59	79	23	68	84	79
78	89	78	-58	44	38	94	34	49	95
55	76	-54	93	-37	-26	-58	49	-39	-38
-29	-37	36	91	93	99	19	-11	26	66

11	12	13	14	15	16	17	18	19	20
57	79	26	87	48	34	59	38	89	15
86	32	32	92	83	17	38	65	13	98
93	28	55	16	31	70	60	76	37	24
74	67	98	-67	75	92	-29	-49	-24	-51
-68	-47	-67	28	-24	-67	78	83	63	43
44	56	55	76	93	29	44	97	81	23
34	-18	36	49	16	59	72	-28	71	-16
-29	79	-18	-19	20	19	84	56	97	40

21	22	23	24	25	26	27	28	29	30
44	40	65	94	94	29	94	21	46	45
28	98	87	59	67	79	35	79	57	67
87	67	22	75	33	58	83	29	98	53
-57	-58	-54	-66	-51	-26	-67	58	-65	33
89	45	54	85	48	87	26	68	48	-29
30	79	45	18	96	52	55	44	29	17
69	-23	96	27	-26	80	19	-37	-35	64
71	19	-26	65	37	47	-28	-16	67	77

2 digits 8 numbers

1	2	3	4	5	6	7	8	9	10
16	52	34	77	86	76	55	27	18	47
98	98	98	67	57	67	68	66	74	27
34	37	57	85	33	58	59	35	48	58
-76	66	-36	99	49	92	-43	48	25	68
58	-78	46	-39	-76	-38	66	-26	-65	81
-23	58	83	-29	98	29	39	48	91	-36
41	-23	-24	36	-32	45	-26	72	86	48
96	91	16	48	28	-29	78	-57	-29	19

11	12	13	14	15	16	17	18	19	20
89	64	48	88	62	38	86	27	54	87
69	88	67	55	76	93	66	65	67	36
37	25	54	37	68	57	31	53	71	58
56	-44	-38	-47	-34	62	-17	-27	-55	-39
-43	-21	86	57	48	77	73	58	46	66
93	94	25	-38	29	-29	69	72	87	57
79	67	47	97	-45	75	57	-15	-28	98
-25	57	-36	79	83	55	-28	43	34	70

21	22	23	24	25	26	27	28	29	30
27	28	36	29	76	87	72	86	78	59
88	97	82	98	38	38	28	77	66	67
46	69	45	81	86	93	19	93	55	93
55	93	-56	-68	-67	76	-37	-37	82	-26
-62	-55	88	46	54	-53	48	27	-47	46
72	48	-19	37	47	49	58	55	78	79
44	66	99	79	73	63	77	49	41	-32
19	97	79	-22	-28	83	-29	-16	-37	95

2 digits 8 numbers

1	2	3	4	5	6	7	8	9	10
78	47	69	42	67	54	37	78	14	76
24	29	54	98	96	86	17	34	54	48
84	58	97	37	87	22	55	55	78	85
-29	-28	84	53	-54	95	27	47	-38	75
68	66	-29	-48	38	-19	-38	-59	47	-26
57	36	74	51	79	44	66	67	65	-47
-36	45	-39	47	-12	52	96	96	97	51
87	-17	52	73	76	49	62	-18	-28	55

11	12	13	14	15	16	17	18	19	20
96	89	54	72	49	45	85	25	57	66
67	97	37	69	66	87	98	39	83	29
85	48	66	87	55	59	47	64	73	44
-56	-37	-57	-38	-38	-36	-68	-27	-28	-75
39	51	24	66	76	69	28	98	47	98
94	77	-42	-27	86	72	-44	58	81	56
-48	72	63	60	-32	-18	86	70	85	-37
99	68	16	29	19	22	67	-24	-32	86

21	22	23	24	25	26	27	28	29	30
77	65	86	45	87	25	29	22	36	17
89	47	66	66	79	86	77	83	58	37
94	76	54	48	90	95	82	79	67	69
-37	-39	-28	-54	-26	-74	-59	-67	86	85
48	55	58	29	-16	11	94	48	56	98
74	71	-23	79	49	65	68	87	99	-42
55	39	70	63	-39	67	-14	-28	-36	84
-28	-28	47	-16	33	35	87	37	29	29

2 digits 8 numbers

1	2	3	4	5	6	7	8	9	10
66	98	68	68	44	48	34	38	85	83
88	54	57	29	96	59	83	19	78	39
66	87	49	65	67	79	41	66	39	98
-77	-79	-38	-47	49	82	-48	48	-47	46
38	54	93	33	-23	-34	56	54	59	-55
59	76	69	-28	65	75	35	-14	89	89
99	-36	57	77	94	65	-27	78	44	44
-26	37	-26	59	19	-27	66	-44	-28	-28

11	12	13	14	15	16	17	18	19	20
65	47	86	25	95	44	76	38	51	49
88	57	79	97	28	36	84	35	34	25
33	22	66	86	79	26	61	58	87	61
77	36	-48	38	-45	92	91	-29	-32	-37
-48	-68	54	-47	55	91	-56	64	82	86
82	78	35	78	69	-13	16	68	76	51
-17	81	99	66	26	42	-27	-46	61	66
62	-29	-27	77	-47	-31	58	88	-48	-42

21	22	23	24	25	26	27	28	29	30
18	94	58	66	69	22	94	44	48	46
83	49	92	84	93	68	77	56	98	25
71	68	16	75	74	49	49	69	45	48
-45	-58	-47	-36	-57	-67	-38	-36	-67	-37
37	69	76	90	63	37	16	62	80	98
55	33	89	59	-38	74	94	12	-22	66
-29	-21	-38	73	76	-34	78	39	55	77
83	56	52	-28	65	55	47	-29	86	-26

2 digits 8 numbers

1	2	3	4	5	6	7	8	9	10
58	57	49	39	26	98	78	39	59	98
87	68	29	58	99	72	66	68	77	76
28	71	58	37	87	58	45	26	48	49
-37	93	72	-49	-65	82	-67	-47	98	38
87	-49	76	38	29	-65	36	52	-67	-29
76	89	-23	-14	47	34	-28	93	95	45
68	86	67	22	-35	94	18	-26	-36	67
-46	-27	88	76	78	-14	69	81	99	-45

11	12	13	14	15	16	17	18	19	20
47	84	86	98	35	57	77	17	37	59
26	68	55	87	46	38	22	51	58	39
98	97	37	66	59	92	59	14	87	62
-76	-78	76	-58	65	-25	63	59	-65	-38
38	33	-68	45	73	49	-21	17	49	56
69	-27	44	39	-37	88	88	-18	56	66
-37	46	94	79	-57	65	-14	19	99	-26
64	55	-28	-62	96	-32	65	79	-27	90

21	22	23	24	25	26	27	28	29	30
23	89	59	39	38	19	24	89	44	16
59	78	93	79	44	75	97	76	68	68
76	35	72	39	94	48	66	57	38	54
-66	65	-36	-65	-66	88	-57	-64	78	43
49	92	42	24	74	76	33	72	86	-48
-25	88	33	39	80	-23	59	33	-37	28
87	-48	-57	55	-31	64	95	79	-35	99
42	34	75	-10	-23	-35	75	-13	12	78

2 digits 8 numbers

1	2	3	4	5	6	7	8	9	10
46	98	35	88	74	45	59	73	54	78
98	24	56	68	37	87	78	38	47	67
76	87	82	76	66	92	98	81	63	58
-69	-66	79	-57	59	-38	84	65	-38	-27
42	86	-47	98	-25	96	-67	-44	44	49
34	74	66	55	75	79	88	15	97	58
89	-15	36	93	-39	-47	-15	-32	-19	-38
-20	77	-29	-27	44	15	28	98	63	13

11	12	13	14	15	16	17	18	19	20
82	93	88	74	68	79	29	35	83	88
99	68	18	38	75	66	59	23	45	47
76	87	54	66	35	48	67	76	32	69
33	-49	-37	89	-66	54	-47	-49	-28	-58
-28	73	48	75	83	-39	99	67	89	45
69	-55	37	-59	22	99	69	74	69	35
-39	67	-29	67	61	-28	-16	97	79	72
93	98	66	-19	-45	84	33	-27	97	-28

21	22	23	24	25	26	27	28	29	30
66	89	65	86	98	34	58	51	96	85
79	79	88	66	76	48	96	89	47	97
81	99	36	38	42	99	75	66	75	65
-37	-36	-57	-45	-27	76	-64	-58	-59	-51
92	57	74	56	56	-75	41	43	89	76
17	86	48	69	77	63	83	74	38	44
-44	-78	-29	72	-27	-27	34	85	-26	39
94	89	53	-25	31	58	-28	-34	66	-26

2 digits 8 numbers

1	2	3	4	5	6	7	8	9	10
78	43	15	94	41	67	95	84	56	30
69	44	38	56	82	45	41	88	37	91
-14	16	14	63	83	48	87	74	72	59
22	19	-22	65	95	65	63	55	96	79
57	94	44	23	-14	40	54	73	18	78
78	89	45	58	17	75	-26	-29	65	34
-24	76	50	93	-37	17	27	50	-68	49
25	37	-37	91	93	99	78	-15	38	-11

11	12	13	14	15	16	17	18	19	20
52	96	36	41	81	27	57	56	79	26
57	47	44	59	24	58	86	64	32	32
44	-25	83	45	69	81	90	97	28	55
15	54	64	54	44	31	74	-31	74	90
84	69	-38	63	48	-26	51	83	64	67
58	84	24	-27	56	68	-37	69	56	76
75	91	52	44	-38	-38	34	89	-38	36
-25	53	28	18	66	34	83	32	79	19

21	22	23	24	25	26	27	28	29	30
87	86	41	34	38	31	89	39	15	86
92	66	82	17	88	64	13	92	98	43
36	32	31	70	65	74	37	10	24	23
89	76	75	92	29	17	-24	67	51	76
28	96	-24	67	-34	77	63	32	43	38
77	-24	93	29	40	79	81	96	23	-27
-32	68	16	10	72	-39	71	50	-16	45
14	46	20	19	84	56	97	-42	40	56

2 digits 8 numbers

1	2	3	4	5	6	7	8	9	10
44	45	62	94	94	29	94	21	91	46
28	48	87	95	64	79	35	72	99	17
87	36	43	75	33	55	83	98	85	99
35	25	-25	51	15	22	-19	56	-36	-36
89	57	54	85	51	87	62	-37	32	48
30	79	29	-18	96	52	15	16	45	83
21	-23	69	27	-26	80	74	76	-28	-35
71	20	80	65	37	-48	-28	81	89	67

11	12	13	14	15	16	17	18	19	20
45	16	52	80	34	77	86	47	76	55
46	45	98	37	69	73	31	54	71	66
55	34	12	74	57	85	33	92	58	59
33	18	56	36	53	99	49	41	92	-43
73	66	49	-29	46	39	19	90	33	66
17	23	58	64	83	29	36	56	29	39
-64	41	-23	46	24	-38	-32	-39	-21	20
77	96	91	70	16	48	88	75	54	50

21	22	23	24	25	26	27	28	29	30
45	29	44	89	64	88	87	33	49	88
66	74	21	29	88	81	55	79	64	51
31	48	51	36	25	40	74	63	54	37
48	25	-16	65	14	62	97	56	-22	65
-26	65	81	43	-21	39	29	93	86	57
48	91	74	93	49	48	-56	76	36	38
-27	-28	48	79	38	-33	87	57	47	97
28	37	51	-25	-15	20	12	-38	67	79

2 digits 8 numbers

1	2	3	4	5	6	7	8	9	10
28	16	62	39	86	27	54	81	25	21
83	89	67	93	66	57	61	36	88	97
40	53	-16	69	31	53	71	58	46	56
82	-24	34	62	-17	-27	51	23	55	93
-27	51	-24	77	73	58	-46	-26	62	25
76	46	29	-43	86	72	87	54	72	-47
29	79	43	75	57	-15	47	98	44	66
43	21	83	55	10	72	34	70	19	97

11	12	13	14	15	16	17	18	19	20
36	29	69	25	22	58	81	72	86	78
82	98	49	28	88	27	38	28	71	66
45	81	56	56	-18	65	99	19	23	55
56	86	43	47	67	26	76	56	93	82
88	16	-37	75	66	-34	15	48	10	-45
19	-43	26	69	47	45	33	-39	55	78
99	79	84	33	73	78	63	77	49	41
79	22	76	78	-28	52	83	76	-65	98

21	22	23	24	25	26	27	28	29	30
99	78	47	28	19	25	42	65	99	54
67	24	29	32	54	71	98	96	61	86
93	84	56	55	97	18	37	19	51	22
29	22	29	66	84	44	15	54	-45	95
-45	70	-37	58	92	69	69	-47	64	-36
79	80	36	-45	-27	-36	51	79	86	44
-32	-36	45	30	-39	13	-47	-12	43	52
95	87	-12	69	58	64	73	76	-33	49

2 digits 9 numbers

1	2	3	4	5	6	7	8	9	10
84	14	76	24	67	95	93	97	94	55
-17	88	86	93	83	43	86	80	38	86
88	33	-24	-34	10	-73	-36	62	-25	27
49	-21	91	-24	-26	82	83	76	-15	-73
17	51	88	41	-29	-16	-15	44	-24	91
61	94	-88	67	98	81	19	21	-16	19
60	87	57	-35	69	35	-22	69	-29	43
-31	-31	37	37	77	32	40	-34	28	90
-23	27	40	41	-30	22	42	-10	39	-35

11	12	13	14	15	16	17	18	19	20
59	25	15	28	52	41	26	70	60	84
18	-22	65	28	68	35	88	-25	79	-19
37	78	-73	71	20	42	58	29	19	65
84	14	50	53	-25	14	-22	90	81	35
-27	49	50	65	65	56	33	18	55	11
24	12	17	-38	69	64	-26	78	-34	37
-44	42	64	98	80	76	80	49	76	-26
97	81	-21	19	21	-73	16	-47	82	-37
98	22	-13	-24	-22	27	19	-29	70	25

21	22	23	24	25	26	27	28	29	30
99	59	16	65	18	62	13	90	76	65
89	83	27	74	26	50	78	93	74	41
42	69	73	96	53	83	69	28	-89	72
-12	-21	-20	95	17	55	-16	31	17	49
-25	-98	96	22	-54	49	69	56	13	-26
-24	89	-19	21	52	73	46	-48	-27	68
73	34	46	-80	80	-23	92	33	23	85
31	-39	42	58	29	52	32	-75	77	79
95	43	-13	-12	97	86	50	48	20	22

2 digits 9 numbers

1	2	3	4	5	6	7	8	9	10
69	25	33	46	80	23	12	67	58	85
-28	11	-15	89	17	36	53	24	83	-10
18	35	-15	65	-24	18	31	37	23	13
-15	-15	80	-21	46	96	-16	92	-13	69
30	-25	98	-28	-14	-26	56	-23	19	84
-12	82	65	53	-28	89	42	-10	78	75
-28	62	-21	-30	24	73	65	33	-14	25
43	89	29	-29	-30	76	-39	41	28	-21
-38	32	22	75	66	45	87	32	69	83

11	12	13	14	15	16	17	18	19	20
28	32	63	30	60	78	67	26	87	86
15	86	84	12	-19	64	94	50	49	63
18	-19	75	14	50	27	35	13	73	-37
24	33	-15	53	84	71	-14	99	77	18
92	-16	52	55	12	-19	-34	-37	71	54
-35	12	-15	63	29	33	81	74	86	25
-14	54	-35	94	22	48	-27	-98	-58	17
54	24	81	-29	10	-28	62	60	87	57
52	46	74	79	-24	39	38	73	74	46

21	22	23	24	25	26	27	28	29	30
26	47	90	58	44	85	33	99	15	47
36	62	66	15	54	67	90	11	89	69
87	-18	72	-19	63	38	-15	-34	42	-24
68	-24	31	27	35	95	59	94	-21	73
14	21	-58	-25	57	69	31	72	97	82
55	38	74	71	-26	-28	47	26	66	-14
-32	-29	51	36	50	58	-29	-56	99	61
-76	87	38	80	68	19	69	65	-44	49
58	-17	-97	-32	79	57	-76	38	19	21

2 digits 9 numbers

1	2	3	4	5	6	7	8	9	10
55	71	13	36	33	98	23	58	73	67
-11	-16	19	19	79	13	22	-19	-17	45
89	48	37	-26	85	-38	65	56	13	57
14	80	-69	46	93	65	-58	86	72	-74
82	51	31	-22	-20	34	47	71	48	19
80	77	97	11	-29	58	95	70	89	65
26	-14	65	62	41	-39	29	-89	61	-30
32	59	42	78	-45	20	-17	62	-60	-27
-22	66	-25	-25	78	29	35	77	42	38

11	12	13	14	15	16	17	18	19	20
66	97	90	39	43	21	24	85	77	48
-26	69	14	95	95	59	38	31	55	95
11	-16	59	47	26	-18	94	73	-36	38
49	-62	-39	59	76	28	-47	94	69	-44
46	28	16	-15	90	64	69	-38	97	84
28	19	-15	23	-23	71	33	23	-28	35
-95	49	41	-43	67	-37	79	61	18	53
65	23	45	67	-62	63	-66	-24	-36	-46
71	-56	-30	36	55	-42	74	46	16	68

21	22	23	24	25	26	27	28	29	30
75	56	32	83	47	28	77	29	50	66
67	65	-29	96	81	37	54	87	94	-25
-19	89	94	33	94	45	45	64	-61	35
62	-76	52	-24	48	11	53	37	54	76
-12	47	68	32	46	82	27	-27	42	82
22	58	82	57	-81	-24	-33	17	52	55
71	-33	-77	-39	10	-18	-19	-65	-36	-98
68	-19	97	73	90	-41	36	45	38	21
93	61	-22	-26	-17	87	62	38	75	60

2 digits 9 numbers

1	2	3	4	5	6	7	8	9	10
37	64	29	93	99	58	41	79	34	18
58	53	37	-38	15	66	55	51	67	57
81	-14	95	42	44	30	89	-36	48	-49
-33	29	-76	21	-38	56	-36	93	-55	94
65	96	89	81	64	-44	69	69	79	86
18	81	71	-67	-79	39	44	21	41	70
46	50	-25	33	66	-38	-58	-28	24	-36
26	-37	67	78	-12	-31	86	57	-18	64
-35	49	63	-65	72	22	-19	30	57	76

11	12	13	14	15	16	17	18	19	20
64	93	22	53	94	56	66	98	91	99
26	45	16	94	80	25	75	65	27	56
-18	24	88	65	-27	78	-25	54	-54	43
45	-66	-68	-41	-45	-54	72	-35	31	-15
-23	79	71	35	17	66	22	78	88	50
-33	33	71	89	69	-29	81	-39	28	46
54	58	41	-12	15	61	-44	66	43	21
38	-36	25	76	-35	-25	98	-34	64	-17
63	27	-50	-38	66	32	62	63	-51	71

21	22	23	24	25	26	27	28	29	30
72	28	31	24	65	77	22	63	46	41
61	57	54	98	36	26	69	38	29	67
-41	99	86	75	49	-66	25	87	53	32
24	-46	-97	-64	46	47	54	-68	75	-78
86	85	37	73	-76	93	-35	43	-38	63
-27	71	64	-38	85	-19	63	-16	65	78
-51	21	59	71	-28	36	74	96	-32	-12
85	-53	-27	22	51	-43	-37	64	-41	-29
33	33	79	65	65	29	61	84	44	22

2 digits 9 numbers

1	2	3	4	5	6	7	8	9	10
85	29	57	52	68	12	59	63	79	30
34	93	71	65	81	62	44	92	55	96
-11	-34	58	-83	84	84	92	34	46	-42
68	55	36	94	-36	-43	-28	-69	-89	21
21	49	-83	28	54	56	69	33	38	98
64	78	54	-71	98	47	-16	72	84	-72
-67	-82	-46	34	-43	84	68	-28	39	28
26	95	51	32	78	-37	-39	-53	-84	-35
56	35	29	-29	22	21	78	89	71	67

11	12	13	14	15	16	17	18	19	20
39	69	74	96	46	57	18	86	47	86
95	52	49	36	54	97	51	69	72	36
-43	-14	-77	84	76	-68	79	-53	-52	52
67	13	45	92	-22	18	41	10	82	-78
-23	-21	64	-75	34	32	-66	32	22	53
91	-32	83	29	19	67	32	-22	-36	90
55	33	-21	-33	-18	15	68	33	-12	-26
64	94	68	29	42	-30	-24	-46	82	32
-37	27	45	-44	23	52	22	78	54	-48

21	22	23	24	25	26	27	28	29	30
88	97	26	43	24	84	59	85	35	69
-26	79	39	22	62	24	32	22	74	32
23	83	-15	89	41	-33	87	-16	77	96
63	-21	57	-74	-67	79	-65	43	-28	-24
-78	74	-25	45	16	-28	27	73	96	38
84	-28	86	12	61	46	-36	59	64	-43
25	17	97	-28	46	-29	45	-38	92	71
70	-24	-43	27	72	76	-27	15	38	-29
-21	45	64	60	13	41	14	42	-52	77

2 digits 9 numbers

1	2	3	4	5	6	7	8	9	10
53	42	37	75	33	47	93	74	98	53
-18	79	21	32	37	96	24	51	88	67
14	93	69	29	69	-63	-75	53	-32	21
37	44	37	-17	44	45	58	-46	74	-39
48	-31	-12	23	-54	-55	54	98	15	94
23	55	66	38	24	34	46	60	66	25
-65	54	-23	48	95	-39	24	96	-46	-43
79	-76	85	-76	32	28	-55	-70	62	54
18	83	52	63	-27	46	51	38	-14	-13

11	12	13	14	15	16	17	18	19	20
96	78	27	16	28	39	72	39	17	50
35	89	86	54	74	82	-50	-19	54	74
73	49	-64	23	39	24	36	45	92	-16
19	-21	83	-36	85	82	31	31	72	76
-49	-98	-37	33	-47	55	-32	-23	-69	11
19	14	64	86	88	-48	40	91	37	74
-68	71	93	-65	38	39	28	29	-79	-35
44	33	79	23	-93	-28	65	26	94	14
94	39	14	-13	15	33	90	-96	57	-97

21	22	23	24	25	26	27	28	29	30
33	34	57	99	22	80	53	61	87	54
88	23	47	-77	42	74	75	81	-24	-23
73	58	59	49	67	22	64	-93	57	31
32	-39	84	11	77	-66	-57	94	-33	98
-46	28	-46	81	-64	28	36	50	62	-77
70	83	64	96	22	48	56	35	97	58
45	93	-32	-65	48	-85	-34	75	94	73
-98	-19	91	86	-27	42	97	-31	16	92
24	25	12	35	-32	87	94	63	44	-24

2 digits 9 numbers

1	2	3	4	5	6	7	8	9	10
36	42	37	75	33	47	93	74	98	53
28	79	21	32	73	96	24	51	88	-10
14	93	69	29	69	-39	-33	35	-32	21
37	44	37	-47	43	26	58	-46	74	46
-53	-31	-65	23	-56	64	45	98	15	94
32	55	66	73	24	45	64	66	66	32
66	54	-23	48	95	-39	24	96	-16	-37
-79	-76	85	-88	32	28	-55	-73	62	54
18	83	52	63	-52	46	77	38	-14	-13

11	12	13	14	15	16	17	18	19	20
96	78	27	66	28	39	72	39	37	50
35	89	86	54	14	82	-55	-19	-14	74
73	49	63	23	39	24	36	45	92	-16
19	-21	83	-25	85	82	31	31	72	76
-47	-98	-76	33	-53	55	-32	-23	21	11
19	14	64	86	48	-48	41	91	37	47
24	71	93	-39	38	39	28	29	-79	-35
44	33	79	23	-93	-99	65	26	94	14
94	39	-34	-13	15	33	98	-96	57	-97

21	22	23	24	25	26	27	28	29	30
33	34	57	99	22	59	53	61	87	54
88	23	47	-45	42	84	75	81	-24	-23
73	58	59	49	67	22	64	-93	57	31
-32	19	84	11	-37	-54	-92	94	-33	98
46	28	-46	18	83	28	36	50	62	74
70	83	64	96	-22	48	56	35	97	-58
45	93	-32	-28	48	-85	-64	75	94	73
-98	-69	91	86	-27	42	97	-31	-16	92
24	17	12	35	-32	87	94	63	44	-24

2 digits 9 numbers

1	2	3	4	5	6	7	8	9	10
82	54	59	87	35	91	50	76	79	23
89	99	29	84	98	33	-32	38	18	62
-66	-66	74	16	54	98	37	-56	65	84
44	83	71	94	-36	11	-29	54	93	-96
73	64	-21	-51	88	-86	89	97	-37	31
-96	73	-87	-42	-89	86	82	83	40	32
39	-34	89	26	32	95	21	-37	-27	19
87	74	76	40	92	28	98	16	-18	-84
37	91	65	97	-98	-39	95	84	36	99

11	12	13	14	15	16	17	18	19	20
55	63	43	51	69	86	29	22	38	63
75	43	-25	31	27	26	38	73	54	74
-63	38	23	69	16	-43	97	-17	-37	39
26	53	72	-33	-64	26	-49	63	93	-47
94	-46	33	65	76	21	62	65	-48	54
-23	94	72	94	28	-36	-63	56	29	65
-36	31	82	-68	-58	99	-26	-97	55	68
47	-69	28	86	28	44	59	98	28	-98
52	28	-31	-27	47	-26	77	27	83	95

21	22	23	24	25	26	27	28	29	30
65	96	98	91	63	35	36	44	99	16
56	54	15	77	12	75	44	55	84	33
38	-23	25	18	66	-33	31	76	22	69
-55	-48	44	37	-94	-19	97	80	-77	-54
99	19	-64	-99	14	86	-92	-27	52	92
-72	76	49	93	21	98	25	78	56	95
36	66	-22	-11	-19	74	44	28	18	29
38	-25	73	82	34	-43	67	-43	16	-98
67	94	18	68	44	36	52	-39	-56	66

2 digits 9 numbers

1	2	3	4	5	6	7	8	9	10
51	55	47	62	88	48	52	18	59	85
-27	-12	32	23	34	42	23	68	-13	84
82	32	24	78	15	13	-31	91	61	-14
53	70	34	36	97	87	-27	66	-24	89
38	75	62	25	-17	-56	39	-14	11	-97
96	42	20	46	-66	13	93	-66	86	85
-37	93	-97	-26	46	65	-16	83	-60	44
66	-36	51	80	-19	12	53	39	14	-36
48	-27	89	-11	93	44	35	40	83	-31

11	12	13	14	15	16	17	18	19	20
90	82	23	60	79	99	44	66	67	46
-27	52	27	97	43	18	47	14	27	77
51	38	-24	86	76	46	60	69	91	64
-38	-11	55	-36	-30	-82	32	75	64	-27
36	78	22	97	-19	64	-57	-86	-93	29
39	-18	-28	-34	88	97	-19	87	39	53
70	33	90	38	87	88	80	-19	16	-57
-66	29	-38	97	-29	85	15	36	-36	34
98	47	-36	31	70	-75	17	-31	-24	68

21	22	23	24	25	26	27	28	29	30
16	58	95	82	53	69	22	64	17	23
62	77	-72	21	26	52	88	25	99	77
73	65	75	73	54	99	98	91	58	51
-25	-26	75	-42	-65	76	54	-76	66	-27
-82	44	81	32	25	-32	-58	98	-61	71
17	39	99	81	75	61	-36	39	-28	-90
37	25	44	34	-29	29	34	93	69	55
73	-34	-36	-29	53	83	-18	-46	22	86
-24	37	89	58	72	58	75	67	39	32

2 digits 9 numbers

1	2	3	4	5	6	7	8	9	10
43	72	93	73	63	65	15	78	51	65
25	-17	28	32	-14	88	25	32	34	88
65	49	74	74	91	96	66	61	75	88
-19	95	-44	68	37	-67	-44	84	18	-69
23	92	22	-63	64	73	65	-22	48	-21
-65	71	67	77	90	-35	35	-15	82	35
29	-30	-19	-36	21	23	36	73	-88	24
73	24	17	28	-23	31	42	-23	79	-19
71	-37	-37	-24	79	18	-28	47	23	24

11	12	13	14	15	16	17	18	19	20
65	98	11	96	79	61	80	63	17	67
-13	75	37	79	-17	39	-28	38	42	82
33	-27	95	47	24	-13	24	77	89	86
11	18	55	-68	-37	33	47	98	73	-68
-27	-33	65	14	94	-17	53	-96	-30	67
83	52	-84	92	49	86	-28	30	89	71
63	62	-28	-21	58	14	96	52	86	-17
-55	-25	-70	30	-35	-23	62	-21	23	-39
93	24	96	-31	52	31	39	99	-54	82

21	22	23	24	25	26	27	28	29	30
88	18	54	88	12	70	41	74	57	12
49	-11	61	-69	95	56	-15	47	43	97
67	45	-51	34	54	54	46	54	83	13
83	95	-14	25	-39	-25	24	92	68	86
79	21	21	86	68	92	-64	-66	-48	58
-27	89	72	-12	47	56	59	44	38	-19
-28	74	11	80	-17	-23	54	-29	28	49
-10	-19	48	29	92	54	65	-36	14	-33
36	-97	16	-32	71	29	25	77	-23	76

2 digits 9 numbers

1	2	3	4	5	6	7	8	9	10
23	99	93	94	78	22	87	85	16	92
58	55	84	48	86	79	-19	35	-15	-65
18	68	14	-17	28	74	98	72	78	88
41	94	-78	-59	-12	83	43	45	32	17
77	-14	55	53	71	64	85	-65	29	59
93	49	96	57	16	-17	-95	98	33	30
-43	40	51	29	-23	12	11	62	-11	63
-63	57	-23	-13	39	41	26	41	94	32
17	-76	87	60	99	38	92	99	62	11

11	12	13	14	15	16	17	18	19	20
55	15	95	85	13	58	97	51	81	22
27	87	81	-36	39	25	44	-33	85	-15
16	63	22	25	15	99	84	63	43	60
54	-58	30	-35	87	27	92	56	87	32
45	54	-14	31	26	-37	-19	65	-74	58
-26	73	-99	-43	-82	-23	25	84	66	82
93	85	36	51	86	69	-39	-44	-25	37
47	84	69	91	36	41	38	48	99	-27
88	-59	53	73	-34	49	29	-39	38	65

21	22	23	24	25	26	27	28	29	30
39	42	97	75	69	54	12	65	93	65
23	98	33	23	55	72	37	27	91	56
99	29	87	12	86	82	77	28	44	71
32	-37	34	84	23	68	96	39	71	78
-23	78	83	-92	-63	-45	-30	85	-34	97
68	18	-37	47	99	17	71	-33	22	-42
-28	93	22	-26	42	39	19	50	-31	28
68	-27	47	34	-38	54	-95	38	36	-19
-34	-19	-27	22	59	84	27	-32	24	27

2 digits 9 numbers

1	2	3	4	5	6	7	8	9	10
99	93	94	78	64	97	85	86	43	58
55	84	48	86	79	-19	35	54	65	27
68	14	-17	28	74	98	72	78	88	64
94	-78	-59	-12	83	43	45	-37	-45	54
-14	55	53	71	70	85	-65	29	59	45
49	96	57	16	-17	-95	98	33	37	-86
40	51	29	-23	12	11	62	-11	63	94
57	-23	-13	39	41	26	41	94	-39	58
-76	87	60	99	30	98	99	62	96	88

11	12	13	14	15	16	17	18	19	20
95	95	85	86	58	97	21	81	22	29
87	81	77	39	25	44	57	85	98	23
63	22	25	54	99	84	63	43	64	99
-58	30	-35	87	27	92	56	87	-76	32
54	-46	31	26	-56	19	65	-75	32	-23
73	-99	-43	-82	-23	25	84	66	82	68
85	36	51	69	69	-39	45	-25	50	-28
84	69	91	36	41	38	48	99	-35	68
-98	53	73	-34	49	29	-39	38	65	-34

21	22	23	24	25	26	27	28	29	30
42	97	75	69	54	15	26	93	58	41
96	33	39	55	72	37	27	91	65	87
29	87	67	86	82	77	74	44	71	-38
-38	34	84	23	72	96	39	71	-46	43
78	83	-90	-63	-45	-30	85	-34	97	38
76	-17	47	99	17	71	-33	22	24	72
93	22	33	42	15	19	50	-31	28	33
-53	47	34	-38	54	-95	38	36	-35	97
99	-27	22	59	84	27	-32	24	27	-59

2 digits 9 numbers

1	2	3	4	5	6	7	8	9	10
53	28	51	31	63	98	22	96	24	40
92	95	99	67	48	84	-13	84	-17	-19
29	91	66	78	-36	87	30	55	14	91
89	95	-78	85	86	-76	57	35	57	42
24	-73	-23	-48	31	53	99	64	78	87
88	95	40	37	-23	79	-31	-98	-23	78
-25	99	-24	96	96	73	64	34	88	95
51	72	72	21	45	-39	60	55	-38	-49
-23	38	24	-46	-12	19	42	-89	44	94

11	12	13	14	15	16	17	18	19	20
59	89	28	95	66	38	46	55	58	44
99	74	64	55	54	29	85	74	72	77
66	38	53	47	-37	66	51	79	27	96
25	43	-57	26	24	49	53	56	-33	71
-98	52	74	49	91	52	44	-25	31	-46
25	-85	41	-58	-23	-78	98	24	-38	-87
-48	72	-29	64	76	65	-29	-38	56	14
66	79	68	68	37	-29	16	47	65	28
93	34	51	-29	25	47	-39	33	43	75

21	22	23	24	25	26	27	28	29	30
24	56	92	59	74	25	39	36	66	56
97	27	93	-17	68	76	67	29	96	67
69	78	77	45	-43	65	59	34	85	86
-21	24	-86	31	27	-29	65	28	87	-34
45	76	63	87	83	96	-54	33	71	85
-69	-86	45	95	48	69	36	-57	-68	46
35	93	24	45	99	81	46	-25	54	-28
-20	23	56	51	-78	60	47	14	-99	87
31	55	-65	-36	44	54	95	21	61	46

2 digits 9 numbers

1	2	3	4	5	6	7	8	9	10
12	23	99	93	94	78	12	19	85	95
97	58	55	84	48	86	79	76	35	58
13	48	68	65	74	28	74	98	72	78
86	41	94	-78	-59	-36	83	43	45	32
58	77	-44	55	53	71	70	85	-65	29
-39	93	49	96	57	16	-17	-95	98	33
49	-43	63	51	29	-23	12	11	62	-97
40	-63	57	-23	-34	39	41	26	41	94
76	17	-76	87	60	99	30	89	99	62

11	12	13	14	15	16	17	18	19	20
43	55	15	95	85	13	58	97	21	81
64	27	87	81	67	39	25	44	39	85
88	16	63	22	25	55	99	84	63	43
17	54	-58	30	-35	87	27	92	56	87
59	45	54	-14	31	26	-65	19	65	-47
30	-29	73	-99	-43	-82	-23	25	84	66
63	99	85	36	51	86	69	-39	45	-25
91	40	84	69	91	36	41	38	48	99
11	88	-98	53	73	-34	49	29	-99	38

21	22	23	24	25	26	27	28	29	30
22	29	42	97	75	69	54	12	16	93
58	23	19	33	23	51	72	37	27	91
60	99	29	87	12	86	82	77	17	44
56	32	21	34	84	23	86	96	39	71
32	-23	78	83	-90	-63	-45	-30	85	-34
82	68	18	-17	47	99	17	71	-33	22
98	-28	93	22	33	42	53	19	50	-31
-35	68	-27	47	34	-38	46	-95	38	36
65	-34	-87	-27	22	59	84	27	-32	24

2 digits 9 numbers

1	2	3	4	5	6	7	8	9	10
65	41	45	28	51	31	63	97	22	96
56	87	92	95	99	65	48	84	33	84
71	-38	29	91	66	78	-18	87	64	50
78	40	89	58	-16	85	86	-23	57	35
97	38	24	-73	-23	89	31	25	99	64
24	72	88	76	40	-35	-23	79	-31	-76
28	33	-25	99	-24	79	96	73	78	11
-91	10	51	72	72	21	14	-39	60	55
27	59	-23	29	65	-46	53	19	42	89

11	12	13	14	15	16	17	18	19	20
24	45	59	89	28	94	48	38	46	55
78	89	99	74	64	64	54	95	85	74
14	91	66	38	53	47	-16	66	51	79
57	42	25	43	-67	21	24	49	53	56
88	87	-63	52	74	49	91	52	44	-25
-23	87	40	-62	41	-86	-23	17	98	24
98	-91	46	72	20	29	76	65	-29	-36
-38	44	66	79	68	68	37	-29	16	47
44	94	93	-11	51	43	12	47	-39	33

21	22	23	24	25	26	27	28	29	30
58	44	24	56	92	59	74	25	39	36
72	70	11	27	93	57	68	76	86	29
27	96	97	99	77	45	63	38	59	34
-25	71	-21	24	59	31	27	-29	65	28
31	46	87	76	63	50	83	96	-27	33
-38	-87	-69	-64	-45	95	-48	69	36	75
56	14	35	93	24	45	99	81	46	-89
56	20	-20	23	56	51	19	-64	47	14
40	75	31	55	-94	-36	44	54	13	21

2 digits 9 numbers

1	2	3	4	5	6	7	8	9	10
66	56	60	93	79	38	28	70	18	36
96	53	38	98	20	54	22	34	99	62
85	80	-39	72	98	45	47	31	58	68
87	34	12	24	-35	64	55	55	24	-25
71	85	73	-56	-28	55	11	-12	68	86
-24	46	57	92	58	46	57	69	74	23
-32	-28	-16	67	22	-31	-26	42	57	-13
90	24	63	35	45	-26	-13	76	75	88
61	18	44	32	41	56	95	-17	-34	53

11	12	13	14	15	16	17	18	19	20
59	52	66	66	28	99	90	42	69	95
47	17	88	74	51	-12	87	65	87	86
73	71	67	48	-34	73	-13	76	79	43
95	10	75	58	56	17	-27	-26	85	40
63	-24	-28	-65	71	14	72	84	44	88
-55	53	55	-43	31	63	17	-34	-76	-39
14	44	-18	29	55	-33	50	62	40	76
-29	-36	89	73	29	24	22	73	94	33
53	-18	94	17	18	64	35	-31	-11	56

21	22	23	24	25	26	27	28	29	30
82	15	95	57	85	76	93	43	67	74
34	86	64	16	91	27	73	67	37	16
79	45	81	48	13	58	-64	-35	83	-29
78	98	97	15	68	64	75	27	89	34
97	33	-27	-34	20	94	46	87	42	95
15	61	40	61	66	-48	58	-17	17	29
18	-38	-34	75	-59	86	-11	97	-76	-14
-19	10	10	35	81	84	13	86	31	73
71	-64	76	-68	33	50	96	94	74	15

2 digits 9 numbers

1	2	3	4	5	6	7	8	9	10
52	23	66	69	39	32	34	18	51	90
36	89	41	37	94	19	89	76	72	88
46	54	95	92	46	91	77	65	96	14
-29	-62	-34	-56	-29	16	98	67	67	48
95	16	57	79	-27	48	19	59	-68	90
-21	-27	39	78	17	-35	-73	17	89	-47
14	33	57	-36	36	-17	64	33	80	37
80	37	23	-12	98	42	59	-48	78	42
45	18	87	96	25	-23	-45	40	86	-64

11	12	13	14	15	16	17	18	19	20
51	86	75	95	58	66	38	63	36	36
77	68	93	16	73	99	87	86	86	42
18	94	72	-21	47	42	36	97	31	88
31	-78	-67	79	65	38	-59	59	-84	69
44	22	79	88	38	-54	54	53	48	24
99	55	76	18	24	18	66	49	78	40
68	-32	21	-73	-48	86	-23	47	60	-21
-38	89	39	33	85	79	47	-28	79	17
65	56	81	77	-77	14	-25	-37	-11	-22

21	22	23	24	25	26	27	28	29	30
76	71	78	77	97	79	29	14	43	33
82	59	42	86	86	49	81	33	69	57
64	79	50	44	-34	29	94	61	48	96
86	85	96	-64	23	57	-35	79	-34	51
-85	24	39	71	-13	65	18	23	-16	-67
22	82	-78	14	99	44	37	68	95	28
-16	-37	-25	80	95	-15	-25	-31	89	93
41	30	64	93	-27	19	21	53	37	-21
90	96	23	-12	16	-10	60	25	-17	22

2 digits 10 numbers

1	2	3	4	5	6	7	8	9	10
28	22	66	97	45	71	53	36	81	53
77	56	86	98	67	84	83	98	15	26
52	22	97	-66	54	63	42	-67	35	73
-28	-34	-59	32	-37	79	-46	25	82	41
73	23	27	52	46	-57	18	-32	-45	-38
-39	-69	36	47	77	29	-26	67	34	65
45	75	-48	-27	55	57	38	96	46	75
15	48	22	44	28	72	85	98	38	-64
-34	-37	93	24	-45	32	75	61	-68	34
67	89	-54	37	33	-86	67	-76	52	57

11	12	13	14	15	16	17	18	19	20
27	16	23	29	61	11	57	85	53	22
55	96	39	35	94	57	98	65	93	51
36	27	43	76	54	37	-36	34	49	-34
-48	91	-35	97	-87	-29	23	-33	56	93
71	-76	94	-47	92	33	59	92	-66	86
96	54	-26	88	77	-65	73	-29	14	31
-35	25	76	78	-89	15	-64	76	53	-63
73	-37	57	55	-23	87	46	-67	69	88
-28	-12	-36	-96	86	23	-32	19	-28	36
67	24	66	22	46	47	66	28	56	22

21	22	23	24	25	26	27	28	29	30
45	68	38	93	21	76	28	21	96	33
69	83	94	74	59	61	43	82	64	54
33	74	46	36	29	34	-22	38	55	45
-27	57	39	-57	-64	-25	39	-42	68	61
34	-36	-64	75	54	66	83	99	-35	-23
72	47	76	59	88	27	51	55	16	42
-52	-28	27	-45	28	52	61	68	71	33
31	43	35	82	-37	-37	95	-43	41	-78
96	74	-72	22	56	55	-43	62	-27	36
42	92	33	64	92	68	52	71	86	41

2 digits 10 numbers

1	2	3	4	5	6	7	8	9	10
33	99	33	57	45	76	94	91	63	75
54	69	45	64	67	32	67	29	47	37
45	42	67	96	54	36	-37	12	87	57
61	64	56	-46	33	49	11	-36	-39	29
-23	-57	-16	64	46	-27	97	77	24	59
43	93	93	21	-39	67	56	42	73	-85
-33	98	-62	35	34	45	-38	-65	38	43
87	-28	33	-28	-53	66	65	78	-35	-41
78	23	21	39	36	-53	-43	-47	98	72
36	62	48	67	29	42	57	29	65	34

11	12	13	14	15	16	17	18	19	20
94	36	67	38	37	44	38	54	54	23
28	31	89	43	54	58	66	67	62	92
21	82	44	28	21	85	32	83	46	94
-35	58	-26	76	-46	-64	-26	-43	-39	-64
28	-46	82	-38	79	36	51	38	25	38
72	83	79	42	66	75	43	-25	70	54
78	93	-38	27	-39	-37	-34	34	-54	84
54	44	53	55	51	62	28	41	67	-35
64	-35	39	-35	32	-14	58	59	35	67
-45	22	22	57	28	55	76	27	75	29

21	22	23	24	25	26	27	28	29	30
17	88	83	37	68	28	91	89	96	43
66	35	68	64	14	35	89	95	16	56
45	93	-39	33	47	76	-56	78	25	99
-36	-46	60	-38	81	54	91	-56	-63	-84
91	56	57	27	-47	25	-28	87	52	35
58	95	83	54	43	-57	92	-35	76	66
-48	42	73	-25	33	91	82	82	-64	62
65	67	-36	66	59	-38	47	65	38	-75
82	-29	25	78	-35	43	36	69	-28	49
35	39	33	59	22	87	56	-34	56	33

2 digits 10 numbers

1	2	3	4	5	6	7	8	9	10
84	32	55	25	45	27	93	57	75	88
28	78	57	75	67	88	49	68	83	46
35	69	34	43	54	92	45	36	90	39
49	54	44	-36	33	-34	-24	49	-47	-58
52	-65	-68	88	-46	71	39	-72	83	78
-68	18	98	27	71	-69	-56	25	91	95
24	24	54	73	63	51	65	82	88	-69
-22	-38	-45	-54	-26	65	91	-49	-71	41
-33	-36	72	65	37	46	99	37	58	-39
78	75	88	49	55	57	87	55	32	27

11	12	13	14	15	16	17	18	19	20
69	91	33	65	75	99	67	57	62	21
43	52	28	59	35	54	29	68	79	32
37	39	65	42	31	42	56	25	35	64
-54	88	43	85	84	-38	64	97	96	-38
26	-44	-21	-22	36	-24	-44	-42	-46	47
36	85	56	14	-43	73	37	37	32	75
91	-38	-47	44	69	44	56	-59	27	-57
-49	58	29	-38	-37	91	-32	23	-24	66
81	55	91	86	52	69	38	33	84	-12
75	63	55	74	47	22	72	77	53	84

21	22	23	24	25	26	27	28	29	30
24	38	96	94	37	98	78	99	87	61
37	49	86	17	81	66	13	67	73	83
15	54	66	36	-67	38	64	37	42	59
-28	25	-54	29	98	-28	-58	-48	-56	-32
55	-62	68	65	26	99	65	-26	35	75
-36	99	31	-58	55	97	54	77	82	79
46	39	-84	-43	-46	-39	78	-55	18	-43
72	-37	35	-34	-33	57	81	62	-75	83
49	65	78	51	88	77	-33	42	48	71
86	79	27	22	-19	42	23	86	66	57

2 digits 10 numbers

1	2	3	4	5	6	7	8	9	10
28	44	37	56	45	47	53	35	64	57
98	34	68	64	67	88	69	48	75	69
62	63	53	49	54	98	43	44	34	50
34	-75	-74	78	-33	34	-37	-37	-28	-46
-74	94	98	-58	46	-75	79	55	57	-28
38	-38	42	43	87	36	22	74	-47	74
-14	54	-24	69	19	43	57	98	55	82
79	59	27	68	-58	68	-69	-23	65	-93
93	74	58	-35	45	-27	39	78	-55	67
53	83	62	47	47	96	71	82	82	-19

11	12	13	14	15	16	17	18	19	20
39	52	35	95	57	67	56	96	58	58
65	58	99	33	56	63	79	12	74	68
95	81	25	42	34	72	37	97	69	44
74	-71	-83	-85	-75	-95	-44	-74	-86	24
-54	39	56	36	85	64	99	68	54	-92
36	-25	36	47	43	88	78	43	64	36
51	63	-59	91	-25	-26	-82	-39	99	57
-73	38	44	-37	39	49	91	55	-42	-34
40	-41	71	96	56	37	-14	14	43	56
92	14	-25	24	-67	43	39	-27	15	37

21	22	23	24	25	26	27	28	29	30
45	57	25	77	78	68	49	76	32	75
82	65	75	93	32	57	77	28	28	56
94	26	99	84	57	73	52	57	97	90
-20	-46	-93	-46	28	69	-38	-69	-65	36
67	36	76	53	-87	-59	43	45	72	-21
33	-26	54	84	96	38	84	71	-57	97
-89	98	-25	93	45	-75	-59	63	32	-85
-34	86	34	-76	-75	94	66	-32	-19	98
43	16	-36	90	-33	-26	32	47	84	69
56	33	82	67	91	85	-26	88	92	43

2 digits 10 numbers

1	2	3	4	5	6	7	8	9	10
25	79	77	49	45	33	79	78	37	78
87	26	55	18	67	88	65	46	89	67
24	92	34	69	54	98	65	25	59	44
-67	-58	-47	64	33	-43	-88	-58	48	-53
94	57	89	-89	-46	90	36	64	-75	68
-27	35	27	31	85	39	43	42	24	39
81	-64	38	48	-87	26	72	91	66	84
89	93	-56	-28	94	-68	92	-77	-26	-64
-33	-25	61	56	-14	-17	-49	66	59	41
56	34	32	-37	59	56	35	28	32	56

11	12	13	14	15	16	17	18	19	20
78	98	88	48	33	96	65	88	57	76
29	33	75	33	79	56	49	75	94	85
62	76	55	87	-12	69	33	72	37	54
-54	-53	-67	-57	53	-53	-85	-69	-45	48
83	45	49	-21	95	98	54	33	51	-69
64	-77	58	47	-49	27	91	-25	33	56
79	53	71	68	24	-92	57	21	69	33
-69	76	-82	-53	-36	42	-22	36	-84	27
94	-39	43	95	38	47	52	-46	32	-79
-38	25	81	49	44	31	37	35	82	97

21	22	23	24	25	26	27	28	29	30
76	78	66	68	94	56	67	87	39	95
19	55	44	73	33	78	93	24	64	38
62	-68	59	83	53	83	29	32	77	43
38	92	-23	-92	-47	21	-55	47	97	66
-89	69	47	55	75	-77	65	-99	-69	-75
74	-33	98	47	66	86	-26	27	44	45
56	58	46	-63	41	-28	22	69	34	83
-78	95	-75	42	-29	49	51	41	-57	38
-38	-81	44	55	23	-38	-72	-25	92	96
50	52	-37	-33	56	16	87	99	55	89

2 digits 10 numbers

1	2	3	4	5	6	7	8	9	10
24	94	88	72	37	24	20	56	54	99
39	81	20	83	41	96	56	67	11	68
83	83	59	52	57	56	23	34	69	32
78	54	-12	37	62	45	19	49	31	20
70	-35	-71	56	38	-38	76	51	-29	-26
-16	56	82	98	-21	76	79	-24	-27	97
71	-32	87	-73	62	69	-13	22	51	37
91	88	54	51	34	64	41	66	87	-23
-20	88	-28	79	-16	25	-38	70	-24	52
80	23	18	-25	95	-47	97	23	11	69

11	12	13	14	15	16	17	18	19	20
95	47	12	97	72	16	40	20	84	61
47	85	89	76	32	39	44	99	49	78
57	36	72	48	82	98	-19	31	92	48
36	77	-21	98	95	31	77	-26	58	-14
-61	57	41	32	60	-45	48	83	53	52
92	37	20	-46	-62	11	-21	76	43	-33
-39	85	46	16	32	78	56	30	22	46
74	-34	91	12	39	12	75	-25	-31	36
36	24	27	71	-33	22	83	88	43	-45
43	73	-33	-39	81	31	66	91	52	16

21	22	23	24	25	26	27	28	29	30
94	88	21	70	38	25	69	93	15	38
59	44	56	46	43	78	77	99	97	51
-49	80	23	57	89	-33	62	42	84	99
75	22	57	12	76	56	-46	-68	-38	24
92	85	-22	92	93	35	27	75	17	75
87	-27	81	-22	63	14	44	29	48	51
75	82	-32	45	66	30	71	64	72	91
44	53	28	84	22	-48	-15	65	23	-35
-21	31	80	16	83	34	72	-21	64	11
46	-18	-30	-17	86	68	-27	51	-32	-24

2 digits 10 numbers

1	2	3	4	5	6	7	8	9	10
38	78	78	22	93	28	99	96	64	55
53	93	88	27	96	92	35	76	61	76
94	-13	76	31	97	39	23	36	96	48
24	65	30	20	51	77	56	91	65	13
75	29	52	51	-21	11	89	67	88	-29
51	86	39	11	78	28	68	-66	-64	98
91	38	62	-49	84	-57	27	14	49	12
-35	-43	17	38	95	27	87	68	47	37
11	-13	38	-25	89	96	78	37	65	99
-24	97	84	93	85	56	-31	92	27	23

11	12	13	14	15	16	17	18	19	20
48	27	28	59	32	81	57	30	46	89
94	66	75	68	30	53	65	73	89	82
-14	57	87	-15	41	29	94	97	78	78
33	33	92	51	56	32	27	21	69	32
30	22	15	97	47	73	11	87	-56	29
15	87	37	62	87	38	67	55	58	-18
91	20	62	77	65	-57	-13	57	22	26
49	-16	74	-34	62	92	78	-56	42	36
-31	91	47	55	38	-16	29	45	74	-30
83	-10	68	94	47	47	15	18	92	14

21	22	23	24	25	26	27	28	29	30
33	40	35	32	47	60	96	81	37	51
77	56	76	29	87	53	49	65	72	90
81	15	48	17	13	46	-17	76	21	55
56	76	51	78	38	51	-24	65	99	18
28	-38	-19	85	44	76	63	44	98	75
65	93	14	19	57	-18	63	59	-25	37
97	59	-15	93	-49	99	10	26	27	21
-58	24	79	-65	84	17	-25	-25	-36	32
36	-35	67	77	26	47	89	40	92	76
75	87	-12	-10	91	61	65	-23	-12	-98

2 digits 10 numbers

1	2	3	4	5	6	7	8	9	10
24	29	45	46	44	13	43	42	69	51
63	63	99	74	77	43	48	51	32	85
40	99	70	91	23	99	98	-14	12	99
28	58	79	98	-20	11	31	84	-27	74
-33	65	-17	23	13	58	34	80	87	40
48	61	58	80	68	53	16	15	-12	-23
20	31	97	42	-39	27	73	43	78	57
85	-23	-22	37	66	25	-19	-33	67	16
32	87	-17	-67	64	-98	39	70	57	34
77	60	-33	43	71	20	47	99	63	31

11	12	13	14	15	16	17	18	19	20
87	90	81	62	67	81	98	36	50	39
57	28	13	91	45	85	65	42	28	93
52	16	77	78	21	83	70	88	37	36
45	27	92	83	95	-26	37	55	76	64
59	98	86	99	69	79	91	-29	98	86
77	-26	52	-92	60	22	20	-13	87	54
31	64	55	44	72	56	54	92	-66	-23
96	66	48	-28	74	53	-15	65	65	-21
-23	-14	29	88	-68	75	79	87	38	94
-10	34	15	96	39	-31	48	-29	-59	55

21	22	23	24	25	26	27	28	29	30
80	78	57	46	35	67	44	98	43	21
28	83	32	98	76	38	62	22	52	50
49	55	26	57	41	36	39	83	51	55
64	24	68	38	24	93	57	54	-28	84
67	-64	96	48	49	-18	74	48	47	65
-26	37	73	44	83	66	-52	-83	50	-28
-39	24	24	-92	52	64	67	53	87	20
17	16	-48	14	-75	49	-83	65	45	71
36	30	-16	27	-22	79	62	-37	-27	-35
97	-26	94	21	26	-20	51	81	93	47

2 digits 10 numbers

1	2	3	4	5	6	7	8	9	10
88	26	16	92	20	91	84	70	84	80
76	82	22	43	71	63	53	28	48	74
42	21	83	10	87	98	93	97	57	67
28	33	37	38	-35	37	-28	58	37	38
14	81	76	-56	58	-39	38	27	87	67
93	-18	50	46	52	58	37	17	-36	69
42	38	68	84	-28	35	-26	58	49	87
75	10	61	74	97	-23	92	24	67	93
28	-23	70	40	-23	97	-33	65	72	-97
-33	66	79	65	72	67	78	-21	40	56

11	12	13	14	15	16	17	18	19	20
25	19	48	98	67	69	22	79	63	22
62	39	13	94	39	78	30	81	75	23
23	94	65	53	92	58	99	57	23	36
60	11	85	-27	68	35	38	87	79	-29
15	56	41	78	-54	-19	83	46	67	10
-12	83	81	89	26	56	58	21	40	58
72	33	70	18	31	-65	-37	-39	72	31
-28	-46	92	37	51	96	48	74	-58	-27
27	-29	83	53	-24	39	-19	89	73	12
39	90	-17	84	25	43	68	93	41	92

21	22	23	24	25	26	27	28	29	30
63	58	95	61	53	97	30	13	64	53
25	39	79	91	76	58	55	97	76	80
20	45	99	89	31	34	36	68	59	56
89	98	78	-28	45	-24	23	-35	13	19
80	23	45	37	37	87	-13	57	77	75
-23	17	55	58	68	97	59	19	26	-28
83	-65	76	-31	38	53	36	82	27	67
33	12	-87	87	-23	64	25	87	55	-13
53	80	36	37	86	53	-36	78	25	-27
71	63	14	15	91	32	80	-28	-30	17

2 digits 10 numbers

1	2	3	4	5	6	7	8	9	10
59	76	87	99	56	48	57	40	54	29
62	25	99	31	65	55	66	55	88	42
83	61	11	62	28	46	63	99	56	32
56	73	62	-25	49	35	-25	96	83	76
40	39	53	53	99	-29	99	64	36	92
74	-48	57	64	67	67	53	46	-42	63
-63	19	24	54	-22	60	94	41	92	-26
-33	55	76	-15	65	26	46	-36	-14	38
95	-43	35	91	73	95	78	74	19	53
48	93	35	71	-25	-17	33	98	98	-37

11	12	13	14	15	16	17	18	19	20
23	22	98	64	57	28	60	85	82	88
49	13	39	81	80	23	89	39	53	95
-12	97	21	48	34	53	18	17	49	99
51	36	26	66	88	84	-27	76	-52	78
25	78	52	-53	17	67	25	13	99	64
91	-29	11	34	46	59	52	-56	64	35
85	46	92	51	49	86	64	-23	37	89
22	-39	59	92	79	91	48	34	-78	92
58	49	34	-12	52	-75	-14	98	37	43
89	87	78	96	-12	53	51	94	84	96

21	22	23	24	25	26	27	28	29	30
34	85	12	52	62	36	55	13	18	55
71	36	48	65	82	76	38	66	24	74
63	75	97	35	69	62	74	43	59	18
42	63	59	78	19	58	86	-24	62	72
-38	46	77	-62	13	89	91	64	-38	67
83	-58	-27	50	95	64	73	10	84	50
80	37	79	23	91	81	-36	-35	43	-76
45	90	37	83	-74	-26	52	55	64	30
32	45	-46	83	57	-39	37	79	-33	45
64	-17	97	16	16	19	-27	29	54	31

2 digits 10 numbers

1	2	3	4	5	6	7	8	9	10
68	55	37	96	56	44	99	94	77	60
12	36	45	53	41	78	44	48	18	68
48	26	71	55	69	64	28	26	58	56
37	47	86	15	67	37	64	-38	59	-23
39	41	22	-43	-27	-23	37	58	20	99
83	-25	87	54	34	63	30	63	46	-15
44	73	48	63	65	36	78	-17	29	62
-96	-26	-57	99	-37	71	10	80	-54	94
68	86	43	65	84	34	34	33	35	33
93	52	18	51	19	62	-26	97	25	16

11	12	13	14	15	16	17	18	19	20
54	79	54	14	29	26	71	42	52	32
74	87	24	26	94	27	56	91	31	37
72	33	75	77	96	58	81	74	76	38
66	77	46	97	71	87	91	17	-21	25
84	-63	85	-63	24	94	29	-28	19	11
56	27	37	96	-67	35	37	95	52	-10
-32	-12	55	39	42	12	-25	88	42	90
18	14	-49	-38	88	-86	-24	45	75	75
-12	54	-29	78	47	93	73	23	-54	-27
27	33	91	53	50	44	72	97	-35	33

21	22	23	24	25	26	27	28	29	30
91	48	94	78	47	76	81	35	75	88
89	54	59	66	45	88	77	67	86	34
76	27	59	86	28	46	-12	52	18	79
82	70	24	-45	14	64	79	-22	35	94
-59	69	91	27	84	29	-13	20	-47	37
95	23	74	-33	59	51	54	69	69	36
86	10	-32	67	41	28	47	48	62	10
49	86	92	91	32	61	57	46	36	23
54	59	15	36	60	42	75	76	-29	-16
16	87	60	12	-89	30	64	98	97	50

2 digits 10 numbers

1	2	3	4	5	6	7	8	9	10
35	13	93	18	62	23	17	43	11	86
88	53	98	93	33	47	68	38	48	80
11	59	44	26	27	54	74	14	92	75
98	31	45	66	79	76	82	-18	-25	43
69	61	-81	36	45	20	-32	78	-16	30
84	-82	48	51	-67	-85	26	65	94	48
53	34	16	81	-17	72	45	78	76	44
33	76	-19	45	56	53	13	85	21	48
-96	19	-11	76	28	80	81	-36	35	-12
-19	-53	33	84	13	-29	97	57	81	58

11	12	13	14	15	16	17	18	19	20
18	85	72	56	32	12	63	81	18	15
18	14	27	82	69	99	58	95	74	61
98	15	35	63	71	37	-15	18	36	99
36	63	29	78	28	11	73	45	68	75
76	48	43	72	77	17	76	16	13	-24
27	-54	63	79	67	77	91	65	-56	71
56	39	-36	34	16	41	43	38	22	41
48	25	39	-27	69	-58	23	-15	83	68
81	-34	97	70	83	26	-79	19	-27	96
97	81	18	68	68	69	59	-21	23	90

21	22	23	24	25	26	27	28	29	30
13	28	34	61	67	35	54	54	37	84
97	92	54	94	23	70	57	50	65	51
10	77	97	20	66	67	76	93	13	68
99	61	11	-33	35	16	29	27	69	11
74	95	57	83	48	72	87	92	62	-26
34	86	14	96	84	-17	-69	64	-37	44
53	42	-65	82	20	56	55	47	88	90
34	88	67	67	82	18	42	-58	-18	47
-67	11	27	71	-78	-39	22	14	18	-16
20	-76	58	43	87	90	85	80	23	35

2 digits 10 numbers

1	2	3	4	5	6	7	8	9	10
61	60	87	98	58	27	24	49	64	49
26	44	52	37	52	78	69	33	84	98
56	43	84	94	93	11	44	34	97	67
84	34	74	59	75	54	85	28	66	49
42	58	24	-48	64	-24	36	15	13	-28
23	72	79	87	-25	86	91	-76	82	77
63	20	25	60	56	36	14	32	58	35
82	61	95	-82	73	87	52	74	36	77
-78	37	68	91	58	-25	82	57	21	-16
-37	-67	45	27	44	39	80	32	27	21

11	12	13	14	15	16	17	18	19	20
84	41	35	52	78	46	75	33	64	24
78	34	68	98	86	24	57	44	30	36
94	27	95	71	71	41	31	62	69	43
-26	70	54	23	-54	96	53	54	85	30
33	-28	37	83	-25	11	-29	28	80	88
26	57	77	-38	53	72	64	73	63	23
67	45	-21	43	83	21	33	13	-51	-56
69	23	34	51	64	-35	-35	58	73	38
-96	-19	60	59	94	92	62	46	21	85
64	81	22	27	83	59	78	29	95	-12

21	22	23	24	25	26	27	28	29	30
61	69	58	61	73	88	53	65	40	61
76	41	42	87	87	65	93	75	71	37
75	23	27	88	43	81	74	44	47	36
-12	21	23	64	17	98	67	16	39	-23
47	95	75	78	46	-37	28	54	78	66
29	78	-59	69	-54	33	22	-19	62	67
54	-26	84	20	93	75	77	69	54	89
26	85	78	21	38	67	47	26	20	-28
-36	87	38	-53	29	21	-36	12	-88	88
66	58	65	40	-12	86	-18	82	93	76

2 digits 10 numbers

1	2	3	4	5	6	7	8	9	10
16	42	67	49	35	72	99	96	61	86
36	95	13	24	81	26	24	28	39	97
74	76	36	55	53	23	38	53	51	24
23	10	-27	56	65	90	43	-24	62	41
98	78	16	70	98	17	35	45	54	17
-59	25	38	74	-63	87	-21	89	67	59
38	49	44	63	48	-63	47	78	72	-83
23	94	-56	33	70	38	-30	94	79	-17
-21	98	70	88	16	55	38	66	-25	39
-32	86	28	-94	43	13	59	-38	-32	59

11	12	13	14	15	16	17	18	19	20
74	67	62	91	97	55	17	89	74	67
56	43	13	56	74	86	55	51	88	43
29	86	30	27	47	26	47	46	70	55
37	-18	87	47	33	97	98	39	26	83
-49	23	-27	34	14	34	-86	84	-65	82
83	78	-17	59	68	54	-28	-77	67	99
88	-39	10	34	-56	21	53	91	24	-76
75	66	47	-21	72	84	79	38	-38	23
47	26	78	-92	67	92	82	85	42	49
25	-33	38	19	40	37	60	-47	56	59

21	22	23	24	25	26	27	28	29	30
75	85	45	18	95	86	95	87	25	98
65	38	78	53	87	78	79	58	39	67
68	97	71	26	74	53	23	17	66	81
19	15	68	76	78	78	54	87	30	58
39	43	23	44	22	-65	37	31	28	-43
87	23	86	-36	66	17	-48	73	91	80
89	-86	-43	53	31	48	67	48	21	25
-63	97	62	43	60	55	98	-78	58	-27
67	29	52	12	-21	21	74	43	-98	68
70	54	98	23	15	28	50	-31	76	-14

2 digits 10 numbers

1	2	3	4	5	6	7	8	9	10
57	37	52	56	62	32	65	67	54	26
98	28	36	66	78	58	31	56	77	33
81	64	74	42	38	82	29	96	45	84
40	-28	29	47	86	71	62	81	92	15
19	25	-48	36	-37	-23	81	28	87	-25
-74	55	75	68	55	85	60	24	36	75
59	66	83	-39	87	26	-56	-75	-68	84
38	15	88	33	23	92	43	36	73	10
43	96	11	26	43	74	33	45	42	64
70	46	87	61	65	67	-32	80	-24	97

11	12	13	14	15	16	17	18	19	20
11	54	45	35	55	78	65	87	87	13
99	77	38	79	27	29	59	39	65	49
46	33	98	66	43	45	22	96	43	52
-26	-24	53	-22	49	-38	89	27	52	-28
18	48	36	65	87	84	58	84	56	72
60	65	-62	82	39	73	39	52	93	16
-28	46	29	98	-26	69	80	-37	-34	-30
68	-30	48	76	89	62	55	33	27	62
45	74	63	45	94	89	-67	57	41	19
81	73	68	30	-35	48	38	38	56	63

21	22	23	24	25	26	27	28	29	30
39	37	59	45	95	15	89	67	66	38
66	16	42	25	38	89	56	59	88	29
79	75	51	41	54	82	38	62	93	54
44	-22	67	78	49	92	42	76	36	78
-27	38	-28	98	-26	41	28	46	85	23
38	99	36	65	36	48	72	88	97	57
68	-45	39	58	71	-24	17	-57	-69	28
24	54	32	-66	63	79	-24	94	38	99
45	38	14	26	26	52	82	48	46	-64
58	94	83	35	-19	75	25	-22	83	-28

2 digits 10 numbers

1	2	3	4	5	6	7	8	9	10
98	37	12	93	86	65	16	54	26	37
86	28	36	67	78	49	15	47	33	99
81	67	37	42	57	73	96	84	84	54
44	-28	29	85	43	62	81	39	15	-26
-63	59	-67	36	-72	81	28	92	-25	18
75	43	75	68	39	60	24	51	75	63
59	66	83	-53	87	-58	-22	-65	84	-28
-56	28	88	33	-32	43	12	73	10	68
18	99	73	-29	89	94	45	49	64	45
77	-64	87	61	65	-32	80	-24	97	81

11	12	13	14	15	16	17	18	19	20
54	45	85	23	78	96	87	76	99	39
77	88	67	27	22	59	23	65	47	66
33	76	36	43	45	22	98	48	56	59
-24	43	44	49	33	89	27	52	-28	-24
48	36	65	87	84	58	-28	79	72	72
65	-37	82	39	73	39	52	93	16	38
46	96	-59	-26	-64	83	-37	-36	-33	-68
-86	48	42	-48	62	55	33	22	62	24
74	63	77	94	89	-74	54	-87	19	45
73	68	39	55	48	-35	38	56	63	58

21	22	23	24	25	26	27	28	29	30
37	93	45	95	67	89	67	67	38	47
16	42	25	77	89	33	59	88	29	55
78	51	41	54	82	87	62	34	45	34
-22	67	81	62	92	42	76	36	78	75
38	-28	98	-47	41	28	-48	85	23	57
99	56	65	36	-84	-77	88	-97	-17	55
-42	39	-58	-23	43	65	56	66	28	-33
91	32	24	15	79	-24	87	38	99	19
38	14	26	26	52	82	57	46	-36	82
94	83	62	28	-71	25	-38	83	88	93

Answer Key

2 digits 8 numbers p.2

1	2	3	4	5	6	7	8	9	10
319	218	271	327	194	184	239	341	203	189
11	12	13	14	15	16	17	18	19	20
229	267	251	300	303	221	290	208	293	278
21	22	23	24	25	26	27	28	29	30
249	359	260	320	334	385	126	244	364	272

2 digits 8 numbers p.3

1	2	3	4	5	6	7	8	9	10
389	280	335	214	162	212	365	194	286	226
11	12	13	14	15	16	17	18	19	20
213	180	225	282	378	218	198	226	206	137
21	22	23	24	25	26	27	28	29	30
314	309	239	301	221	137	262	183	145	288

2 digits 8 numbers p.4

1	2	3	4	5	6	7	8	9	10
352	273	354	305	228	291	259	247	303	426
11	12	13	14	15	16	17	18	19	20
339	257	303	371	286	321	263	265	306	190
21	22	23	24	25	26	27	28	29	30
145	216	263	217	278	202	291	346	196	397

2 digits 8 numbers p.5

1	2	3	4	5	6	7	8	9	10
305	301	359	294	238	119	284	332	252	516
11	12	13	14	15	16	17	18	19	20
212	257	231	137	222	214	201	205	166	237
21	22	23	24	25	26	27	28	29	30
383	375	168	257	233	296	289	236	335	228

2 digits 8 numbers p.6

1	2	3	4	5	6	7	8	9	10
255	203	355	286	277	257	128	228	291	203
11	12	13	14	15	16	17	18	19	20
236	241	455	237	140	283	320	274	288	221
21	22	23	24	25	26	27	28	29	30
555	402	220	269	347	233	223	206	376	260

2 digits 8 numbers p.7

1	2	3	4	5	6	7	8	9	10
194	363	314	279	332	268	330	281	239	289
11	12	13	14	15	16	17	18	19	20
333	288	252	299	225	286	249	323	378	173
21	22	23	24	25	26	27	28	29	30
337	204	170	360	155	286	233	189	290	338

2 digits 8 numbers p.8

1	2	3	4	5	6	7	8	9	10
356	301	240	292	307	333	233	280	243	348
11	12	13	14	15	16	17	18	19	20
291	276	217	262	342	253	406	338	427	176
21	22	23	24	25	26	27	28	29	30
361	267	289	357	298	406	217	246	245	327

2 digits 8 numbers p.9

1	2	3	4	5	6	7	8	9	10
244	301	274	344	243	300	296	213	248	312
11	12	13	14	15	16	17	18	19	20
355	330	253	328	287	428	337	276	276	433
21	22	23	24	25	26	27	28	29	30
289	443	354	280	279	436	236	334	316	381

2 digits 8 numbers p.10

1	2	3	4	5	6	7	8	9	10
333	236	362	353	377	383	322	300	289	317
11	12	13	14	15	16	17	18	19	20
376	465	161	318	281	300	299	303	366	267
21	22	23	24	25	26	27	28	29	30
372	286	330	260	257	310	364	261	395	377

2 digits 8 numbers p.11

1	2	3	4	5	6	7	8	9	10
313	291	329	256	411	347	240	245	319	316
11	12	13	14	15	16	17	18	19	20
342	224	344	420	260	287	303	276	311	259
21	22	23	24	25	26	27	28	29	30
273	290	298	383	345	204	417	217	323	297

2 digits 8 numbers p.12

1	2	3	4	5	6	7	8	9	10
321	388	416	207	266	359	217	286	373	299
11	12	13	14	15	16	17	18	19	20
229	278	296	294	280	332	339	238	294	308
21	22	23	24	25	26	27	28	29	30
245	433	281	200	210	312	392	329	254	338

2 digits 8 numbers p.13

1	2	3	4	5	6	7	8	9	10
296	365	278	394	291	329	353	294	311	258
11	12	13	14	15	16	17	18	19	20
385	382	245	331	233	363	293	296	466	270
21	22	23	24	25	26	27	28	29	30
348	385	278	317	326	276	295	316	326	329

2 digits 8 numbers p.14

1	2	3	4	5	6	7	8	9	10
291	418	147	543	360	456	419	380	314	409
11	12	13	14	15	16	17	18	19	20
360	469	293	297	350	235	438	459	374	401
21	22	23	24	25	26	27	28	29	30
391	446	334	338	382	359	427	344	278	340

2 digits 8 numbers p.15

1	2	3	4	5	6	7	8	9	10
405	287	399	474	364	356	316	383	377	289
11	12	13	14	15	16	17	18	19	20
282	339	393	378	382	412	310	416	392	312
21	22	23	24	25	26	27	28	29	30
213	341	354	409	242	345	385	419	381	512

2 digits 8 numbers p.16

1	2	3	4	5	6	7	8	9	10
354	331	278	427	392	297	359	394	411	408
11	12	13	14	15	16	17	18	19	20
504	368	366	411	317	317	488	337	322	453
21	22	23	24	25	26	27	28	29	30
385	409	193	293	338	268	338	330	326	366

2 digits 9 numbers p.17

1	2	3	4	5	6	7	8	9	10
288	342	363	210	319	301	290	405	90	303
11	12	13	14	15	16	17	18	19	20
346	301	154	300	328	282	272	233	488	175
21	22	23	24	25	26	27	28	29	30
368	219	248	339	318	487	433	256	184	455

2 digits 9 numbers p.18

1	2	3	4	5	6	7	8	9	10
39	296	276	220	137	430	291	293	331	403
11	12	13	14	15	16	17	18	19	20
234	252	364	371	224	313	302	260	546	329
21	22	23	24	25	26	27	28	29	30
236	167	267	211	424	460	209	315	362	364

2 digits 9 numbers p.19

1	2	3	4	5	6	7	8	9	10
345	422	210	179	315	240	241	372	321	160
11	12	13	14	15	16	17	18	19	20
215	151	181	308	367	209	298	351	232	331
21	22	23	24	25	26	27	28	29	30
427	248	297	285	318	207	302	225	308	272

2 digits 9 numbers p.20

1	2	3	4	5	6	7	8	9	10
263	371	350	178	231	158	271	336	277	380
11	12	13	14	15	16	17	18	19	20
216	257	216	321	234	210	407	316	267	354
21	22	23	24	25	26	27	28	29	30
242	295	286	326	293	180	296	391	201	184

2 digits 9 numbers p.21

1	2	3	4	5	6	7	8	9	10
276	318	227	122	406	286	327	233	239	191
11	12	13	14	15	16	17	18	19	20
308	221	330	214	254	240	221	187	259	197
21	22	23	24	25	26	27	28	29	30
228	322	286	196	268	260	136	285	396	287

2 digits 9 numbers p.22

1	2	3	4	5	6	7	8	9	10
189	343	332	215	253	139	220	354	311	219
11	12	13	14	15	16	17	18	19	20
263	254	345	121	227	278	280	123	275	151
21	22	23	24	25	26	27	28	29	30
221	286	336	315	155	230	384	335	400	282

2 digits 9 numbers p.23

1	2	3	4	5	6	7	8	9	10
99	343	279	208	261	274	297	339	341	240
11	12	13	14	15	16	17	18	19	20
357	254	385	208	121	207	284	123	317	124
21	22	23	24	25	26	27	28	29	30
249	286	336	321	144	231	319	335	368	317

2 digits 9 numbers p.24

1	2	3	4	5	6	7	8	9	10
289	438	355	351	176	317	411	355	249	170
11	12	13	14	15	16	17	18	19	20
227	235	297	268	169	197	224	290	295	313
21	22	23	24	25	26	27	28	29	30
272	309	236	356	141	309	304	252	214	248

2 digits 9 numbers p.25

1	2	3	4	5	6	7	8	9	10
370	292	262	313	271	268	221	325	217	209
11	12	13	14	15	16	17	18	19	20
253	330	91	436	365	340	219	211	151	287
21	22	23	24	25	26	27	28	29	30
147	285	450	310	264	495	259	355	281	278

2 digits 9 numbers p.26

1	2	3	4	5	6	7	8	9	10
245	319	201	229	408	292	212	315	322	215
11	12	13	14	15	16	17	18	19	20
253	244	177	238	267	211	345	340	335	331
21	22	23	24	25	26	27	28	29	30
337	215	218	229	383	363	235	257	260	339

2 digits 9 numbers p.27

1	2	3	4	5	6	7	8	9	10
221	372	379	252	382	396	328	472	318	327
11	12	13	14	15	16	17	18	19	20
399	344	273	242	186	308	351	251	400	314
21	22	23	24	25	26	27	28	29	30
244	275	339	179	332	425	214	267	316	361

2 digits 9 numbers p.28

1	2	3	4	5	6	7	8	9	10
372	379	252	382	436	344	472	388	367	402
11	12	13	14	15	16	17	18	19	20
385	241	355	281	289	389	400	399	302	234
21	22	23	24	25	26	27	28	29	30
422	359	311	332	405	217	274	316	289	314

2 digits 9 numbers p.29

1	2	3	4	5	6	7	8	9	10
378	540	227	321	298	378	330	236	227	459
11	12	13	14	15	16	17	18	19	20
287	396	293	317	313	239	325	305	281	272
21	22	23	24	25	26	27	28	29	30
191	346	299	360	322	497	400	113	353	411

2 digits 9 numbers p.30

1	2	3	4	5	6	7	8	9	10
392	251	365	430	322	358	384	352	472	384
11	12	13	14	15	16	17	18	19	20
466	395	305	273	345	226	280	389	322	427
21	22	23	24	25	26	27	28	29	30
438	234	186	359	240	328	449	214	207	316

2 digits 9 numbers p.31

1	2	3	4	5	6	7	8	9	10
355	342	370	475	330	367	350	402	424	408
11	12	13	14	15	16	17	18	19	20
342	488	431	374	332	329	303	400	325	307
21	22	23	24	25	26	27	28	29	30
277	349	175	389	325	397	429	346	364	181

2 digits 9 numbers p.32

1	2	3	4	5	6	7	8	9	10
500	368	292	457	300	301	276	348	439	378
11	12	13	14	15	16	17	18	19	20
320	169	488	257	305	309	333	311	411	478
21	22	23	24	25	26	27	28	29	30
455	246	402	205	398	491	379	449	364	293

2 digits 9 numbers p.33

1	2	3	4	5	6	7	8	9	10
318	181	431	347	299	173	322	327	551	298
11	12	13	14	15	16	17	18	19	20
415	360	469	312	265	388	221	389	323	273
21	22	23	24	25	26	27	28	29	30
360	489	289	389	342	317	280	325	314	292

2 digits 10 numbers p.34

1	2	3	4	5	6	7	8	9	10
256	195	266	338	323	344	389	306	270	322
11	12	13	14	15	16	17	18	19	20
314	208	301	337	311	216	290	270	349	332
21	22	23	24	25	26	27	28	29	30
343	474	252	403	326	377	387	411	435	244

2 digits 10 numbers p.35

1	2	3	4	5	6	7	8	9	10
381	465	318	369	252	333	329	210	421	280
11	12	13	14	15	16	17	18	19	20
359	368	411	293	283	300	332	335	341	382
21	22	23	24	25	26	27	28	29	30
375	440	407	355	285	344	500	440	204	284

2 digits 10 numbers p.36

1	2	3	4	5	6	7	8	9	10
227	211	389	355	353	394	488	288	482	248
11	12	13	14	15	16	17	18	19	20
355	449	332	409	349	432	343	316	398	282
21	22	23	24	25	26	27	28	29	30
320	349	349	179	220	507	365	341	320	493

2 digits 10 numbers p.37

1	2	3	4	5	6	7	8	9	10
397	392	347	381	319	408	327	454	302	213
11	12	13	14	15	16	17	18	19	20
365	208	199	342	203	362	339	245	348	254
21	22	23	24	25	26	27	28	29	30
277	345	291	519	232	324	280	374	296	458

2 digits 10 numbers p.38

1	2	3	4	5	6	7	8	9	10
329	269	310	181	290	302	350	305	313	360
11	12	13	14	15	16	17	18	19	20
328	237	371	296	269	321	331	220	326	328
21	22	23	24	25	26	27	28	29	30
170	317	269	235	365	246	261	302	376	518

2 digits 10 numbers p.39

1	2	3	4	5	6	7	8	9	10
500	500	297	430	389	370	360	414	234	425
11	12	13	14	15	16	17	18	19	20
380	487	344	365	398	293	449	467	465	245
21	22	23	24	25	26	27	28	29	30
502	440	262	383	659	259	334	429	350	381

2 digits 10 numbers p.40

1	2	3	4	5	6	7	8	9	10
378	417	564	219	747	397	531	511	498	432
11	12	13	14	15	16	17	18	19	20
398	377	585	514	505	372	430	427	514	338
21	22	23	24	25	26	27	28	29	30
490	377	324	355	438	492	369	408	373	357

2 digits 10 numbers p.41

1	2	3	4	5	6	7	8	9	10
384	530	359	467	367	251	410	437	426	464
11	12	13	14	15	16	17	18	19	20
471	383	548	521	474	477	547	394	354	477
21	22	23	24	25	26	27	28	29	30
373	257	406	301	289	454	321	384	413	350

2 digits 10 numbers p.42

1	2	3	4	5	6	7	8	9	10
453	316	562	436	371	484	388	423	505	534
11	12	13	14	15	16	17	18	19	20
283	350	561	577	321	390	390	588	475	228
21	22	23	24	25	26	27	28	29	30
494	370	490	416	502	551	295	438	392	299

2 digits 10 numbers p.43

1	2	3	4	5	6	7	8	9	10
421	350	539	485	455	386	564	577	470	362
11	12	13	14	15	16	17	18	19	20
481	360	510	467	490	469	366	377	375	779
21	22	23	24	25	26	27	28	29	30
476	402	433	423	430	420	443	300	337	366

2 digits 10 numbers p.44

1	2	3	4	5	6	7	8	9	10
396	365	400	508	371	466	398	444	313	450
11	12	13	14	15	16	17	18	19	20
407	329	389	379	474	390	461	544	237	304
21	22	23	24	25	26	27	28	29	30
579	533	536	385	321	515	509	489	402	435

2 digits 10 numbers p.45

1	2	3	4	5	6	7	8	9	10
356	211	266	576	259	311	471	404	417	500
11	12	13	14	15	16	17	18	19	20
555	282	387	575	580	331	392	341	254	592
21	22	23	24	25	26	27	28	29	30
367	504	354	584	434	368	438	463	320	388

2 digits 10 numbers p.46

1	2	3	4	5	6	7	8	9	10
322	362	633	423	548	369	577	278	548	429
11	12	13	14	15	16	17	18	19	20
393	331	461	469	533	427	389	440	529	299
21	22	23	24	25	26	27	28	29	30
386	531	431	475	360	577	407	424	416	469

2 digits 10 numbers p.47

1	2	3	4	5	6	7	8	9	10
196	653	229	418	446	358	332	487	428	322
11	12	13	14	15	16	17	18	19	20
465	299	321	254	456	586	377	399	344	484
21	22	23	24	25	26	27	28	29	30
516	395	540	312	507	399	529	335	336	393

2 digits 10 numbers p.48

1	2	3	4	5	6	7	8	9	10
431	404	487	396	500	564	316	438	414	463
11	12	13	14	15	16	17	18	19	20
374	416	416	554	422	539	438	476	486	288
21	22	23	24	25	26	27	28	29	30
434	384	395	405	387	549	425	461	563	314

2 digits 10 numbers p.49

1	2	3	4	5	6	7	8	9	10
419	335	453	403	440	437	375	400	463	411
11	12	13	14	15	16	17	18	19	20
360	526	478	343	470	392	347	368	373	309
21	22	23	24	25	26	27	28	29	30
427	449	409	323	390	350	466	446	375	484

www.ingramcontent.com/pod-product-compliance
Lightning Source LLC
Chambersburg PA
CBHW081329040426
42453CB00013B/2351